我的
探险研学书

关于沙漠、湿地、高山、草原、雨林冒险的生命体验

喜马拉雅山脉

[英] 西蒙·查普曼 / 著

陈蜜 / 译

电子工业出版社
Publishing House of Electronics Industry
北京·BEIJING

喜马拉雅山探险

我计划徒步探索位于中国西南地区的东喜马拉雅山脉，但不打算攀登到山脉的顶峰，因为我没有足够的装备和科学的训练去应对岩壁和冰崖。我具备的是丰富的徒步登山及丛林探险的经验，幸好想寻找的滇金丝猴就生活在我擅长应对的那种山林中。

私人装备列表

1. 中国签证。
2. 接种甲肝疫苗、乙肝疫苗以及伤寒疫苗。
3. G-Tex面料的外套和防水裤子。
4. 耐穿、轻便的登山鞋。
5. 轻量级圆顶帐篷。
6. 适合四季使用的睡袋。

天气报告

我们到达的时候应该是七月下旬，最强的季节性降雨就要结束了，但我还是需要做足准备。我还会面临山体滑坡造成的道路堵塞，云南的山脉中时常发生类似的事故，我在新闻中曾看到过。

东喜马拉雅山脉

　　东喜马拉雅山脉位于喜马拉雅山脉的最东边，那里有许多生物群落。生物群落是指在相似气候、区域里分布的各种植物和动物的种群集合。东喜马拉雅山脉绵延五百多公里，从印度河西北部的淡水区域到萨特莱杰河的东南部，最高海拔可达8126米。

怒江

探险队成员

　　戴夫是我的探险小队中的主要成员，他是一名来自中国香港的摄影师。他带来了来自中国东北的阿朗，一位探险节目制作人。但令人气馁的是，可能有些时候我将和阿朗单独行动，而阿朗不会说英语，所以在接下来的几个月里我试图自学中文。很快我就会知道所有的努力是否有效……

戴夫

阿朗

梅里雪山

滇金丝猴

滇金丝猴拥有灰色皮毛，手足颜色较深，面部颜色较浅。滇金丝猴是中国特有物种，仅生活在中国的云南、西藏两省的山林当中。它们绝大部分时间都待在树上，冬季以地衣和树皮为食，夏季以树叶、鲜花、水果和种子为食。猛禽、狼、豹和狐狸都是滇金丝猴的天敌。

在怒江

从五小时变成八小时 的漫长大巴车之旅。

我们正向澜沧江行进，那里有许多松树林和山脉。

每一片农田或山谷底部的土地都是长满稻谷和玉米的梯田，人们背着绿色的容器，并用它喷洒出液体 —— 可能是杀虫剂。

下午4：00，坐上面包车

阿朗在保山租了一辆面包车，打算带我们去怒江峡谷。

在保山，房子紧贴着陡峭山坡而建。

6

很快，柏油路变成了一条泥路，而周围的景色则变得非常壮观。高黎贡山山峰在远处若隐若现，大约有 3000 米高。穿越怒江的桥是我走过的最窄的桥 —— 确切地说，它只是一组绑在金属缆绳上的金属条而已（左图）。

当我们开车经过时，这座桥不停摇摆着，尤其令人担忧的是，桥下的怒江（意思为"愤怒的河流"）水流湍急、势不可挡。过了桥没走多远，路就不通了。这条路本来经过一些咖啡种植园，但它被两次山体滑坡彻底切断了。

咖啡种植园

和种植传统农作物（如玉米）相比，农民可以从咖啡种植园（右图）获得更多的收入。云南省的咖啡种植园面积非常大，咖啡产量居中国第一。这也提醒人们要更加注重保护天然森林，以防森林资源消失。

然后……

我迅速重新整理好背包，很显然，修路工人今天无法赶来处理滑坡事故了，所以我们准备徒步前进。

鱼汤村

我正和刘士忠在一起 —— 这位79岁的老人带着我们来到这个村子里。他说自己是二战期间在保山长大的，那时候这个地区是抗日战争的作战区之一。

我们住进一家客栈，

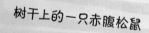
树干上的一只赤腹松鼠

这里的食物太棒了！

我此前从未吃过香肠炒面！

接下来的几天里，我们将在高黎贡山的山脊上寻找滇金丝猴的足迹，然后再物色一支骡队，想要在他们的帮助下翻越山脊。

鱼汤村的大门看起来像一座小宝塔。

8

7月28日

好壮观的瀑布！现在，我正坐在瀑布附近，它发出的声音听起来就像……

雷鸣！

所有东西都覆盖着点点水珠，就连和房子一样大、长满青苔的岩石上也凝聚着水珠。这里有种看起来像香蕉的水果，但里面有很大的种子，味道尝起来并不好。我试过一次……感觉不太妙。

现在处于季风季节，在倾盆大雨中搭好吊床后，我散了会儿步，暖和暖和身子。有一只领鸺鹠正盯着我看。我浑身湿透了，右臂上、脸上和鼻子上都起了荨麻疹，起疹处犹如针扎。我不该那么急切地穿过树下灌木丛去看这只鸟的。

领鸺鹠

这种小型猫头鹰栖息在山地森林和灌木丛地带。与其他许多猫头鹰不同，它们会在白天捕食和飞行，主要以小鸟、老鼠、蜥蜴和大型昆虫为食。

9

瀑 布

7月28日，午餐时间，躲在一块巨石下.

多么糟糕的一天!

大雨倾盆，我又回到了通往瀑布的石头小道上（下图）。

我们打算今晚在这里露营，所以我们的背包比较轻便，只有露营装备、一个炉子、一袋大米和一些从早餐中省下来的辣椒酱。一股很香的味道传来——

阿朗在煮咖啡。

晚上9:30

在这里度过的第一个丛林之夜，我得说很难过。

我在雨中搭起了吊床，这里很潮湿，一只讨厌的蛾子又钻进了蚊帐。我们扎营的地方离主瀑布不远，有水声持续不断地传来。

晚上10:30，吊床上

刚刚摆脱了飞蛾，我觉得屁股好冷……哗啦啦的流水声总让我想撒尿。

刚才，我和阿朗生起了火。用湿木材生火实在是一项艰巨的任务。附近有温泉，我洗了个澡。这个温泉环境是人造的，显然有很多人来过这里，到处都是垃圾。

天堂里的垃圾

每年有成千上万的游客参观喜马拉雅山，许多人把垃圾留在了山上，包括塑料、碎玻璃、食品包装袋和露营设备……这些废弃物不仅破坏了喜马拉雅山的美丽风景，还会对野生动物造成伤害，甚至导致它们丧命。

7月29日，清晨

我们撤掉营地，走回鱼汤村。
丛林小路上发生了一起滑坡。

这条路很陡、很滑、很泥泞 —— 我们不得不与滑坡"赛跑"！我必须越过那个由泥巴和松散石头构成的斜坡，然后不停歇地奔跑，就像照片中阿朗正在做的那样，因为所有的东西都在不停往下滑。我很庆幸自己没有往下看，因为这个陡坡太高了。

在出发穿越高黎贡山之前，我们需要先把装备晾干。

寻找猴子

再进鱼汤村

随着天气好转，客栈里有人说他们听到了森林里传来的猴子的尖叫声。

阿朗为我找了一辆摩托车，以便我能骑着它去山上的自然保护区，我又经历了一次昨天的"长途跋涉"，差不多走了两遍同一段路。显然，这不算什么。然而，我没有看到猴子，也没有看到长臂猿。当我两次走近有沙沙声的地方时，所见到的不过是有人在伐木或采摘植物（可能在采集药材）。

后来，我听到了三声枪响。

但没有

猴子的踪迹！

人们伐木造田，用于耕种。

在穿越国家公园的路上，我看到一位老妇人在砍伐一棵被山体滑坡推倒的树，看来这棵树是做柴火的好材料。

在寻找猴子回来的路上，我再次见到了那个老妇人。她正扛着两根木棍放羊（左图）。木棍上还挂着一个编织袋，里面装着她砍下来的碎木头。木材似乎是这里唯一的燃料来源，而森林也正在从山脚往山顶渐渐地变稀疏。

明天我们将**翻过高黎贡山**，并继续寻找猴子的踪影……

郁郁葱葱的温带阔叶林

消失的森林

人口增长、农业发展、过度放牧以及对柴火的需求都导致了喜马拉雅山的滥砍滥伐和水土流失问题，从而引发了更多的山体滑坡。在过去的几十年里，这个地区的森林覆盖面积在不断减小。

13

茶马古道

7月30日，在通往高黎贡山的小路上

这是一条很古老的路，

有些地方还保留着原始的石阶。

这条通往缅甸和印度的道路从前是用来运送茶叶和香料的，已经被使用了数百甚至数千年。

这棵树看起来像是从《哈利·波特》故事里穿越而来的。

14

这里还有一座桥，桥的两端有雕花的石柱，现在上面长满了青苔（下图）。这条路见证了悠长的历史，

或许还铭刻了很多骡子的足迹！

部分路段设有下沉的车道，车道甚至有3米深，有些路段显然已经铺设了很长时间。于是人们很容易相信，这些生长在路旁的树也已经有了很久的历史。

茶马古道

这些古老的道路横跨喜马拉雅山脉，可以追溯到1000多年前。这条从茶叶产地 —— 中国云南到中国西藏、东南亚、尼泊尔和印度的贸易线路，让那些负重一百公斤的骡子也能够顺利地将茶叶和盐运过山区。

有的路段爬起来很费劲，

好在骡夫王福赛和欧加荣带领的两只骡子帮我们驮了背包。

植物·小·道

我的余光瞥见一只大松鼠, 当我们经过的时候, 它已经沿着树枝偷偷摸摸地潜入了茂密的植被中。

我被蚂蟥叮了! 蚂蟥唾液的抗凝特性导致我流了很多血, 弄脏了我的衬衫。那只蚂蟥画起来相当困难, 因为它就吸附在我的铅笔末端。

千钧一发!

戴夫被一只骡子撞倒在路边, 他滑了下去, 掉进了一片竹林里……我觉得这种经历挺好玩的, 但他认为太危险了。

骡夫欧加荣, 在路上。

16

路上布满了木兰花瓣。这里的植物吸引了植物猎人的到来，比如乔治·福雷斯特（1873-1932）和约瑟夫·洛克（1884-1962）。如果走进欧洲任何一座豪宅的花园，你都能发现一些来自喜马拉雅山脉的植物。奇妙的感觉是，在有松树、杜鹃花和竹子的山坡上，仿佛就置身在一个杂草丛生的观赏花园之中。

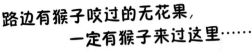

路边有猴子咬过的无花果，一定有猴子来过这里……

植物猎人

19世纪，欧洲富人阶层渴望在他们的花园里种上新奇的观赏植物，这激发了一些人寻找外来物种的探险活动。这些活动通常是非常危险的，他们会面临暴风雪、山体滑坡、高原反应，甚至还要对付四处游荡的强盗。约瑟夫·洛克是一名奥地利裔美国植物猎人，在1922年到1949年间进行了数次探险。据说他曾经一次就给英国带回了500多种杜鹃花。

巨大而多节瘤的大树杜鹃是这里的森林巨人，可以穿透几十米高的薄雾。据说在六月，成片的杜鹃花能将整个森林染成深红色。

高黎贡山

快要到达营地的时候, 天开始下雨。我们现在正待在靠近高黎贡山山顶的一个脏乱却稳固的窝棚里。美好的一天,

但又漫长又艰苦。

我在山顶窝棚篝火旁画下了这幅画, 背景音乐是阿朗的歌声。画里的我正做着火锅, 气温很低, 四周雾蒙蒙的。

7月31日

王福赛和欧加荣一起赶着骡子回去了, 留下我们背着沉重的背包艰难地往下走。

我把手套上的手指部分剪掉并套在靴子前部, 这使我的靴子在湿滑的小路上攀爬时更有抓力, 这是跟阿朗学到的。他还把一双袜子垫在了靴子底上。

高黎贡山国家级自然保护区

　　高黎贡山国家级自然保护区地处云南省西部，位于中国和缅甸之间，是国家级森林和野生动物类型自然保护区。保护对象为阔叶林、高山针叶林、高山草甸、冻土带，以及多种珍稀濒危动植物。

　　从高黎贡山往下走，是黑暗朦胧、阴森恐怖的森林。偶尔会遇见新鲜的动物粪便，我还看到一组丁香形状的蹄印兜兜转转往山下而去。我猜是一只扭角羚，或者是一只野山羊正走在我们前面。

一只扭角羚！

　　这是一种巨大的、毛茸茸的、像山羊般的动物。我只瞥了它一眼，它就飞奔出了小路，然后一头撞进了灌木丛。

　　在路上，我们突然遇到了一辆面包车，这简直太走运了。戴夫说一路徒步跋涉时，阿朗和欧加荣一直在操作手机：

他们叫了一辆出租车！

遭遇塌方

腾 冲

这是一座发展中的城市（右图）。来到这里，我真的感到了丛林消失的危机。浑身湿漉漉的，还被蚂蟥咬伤了的我们住进了一家旅馆，旅馆里有浴室和电视机。

坐面包车到达这里花了我们两个小时，沿途都是稻田（左图）、竹林和长满了松树的山脊。

咣啷！ 咣啷！

这里有很多这样的卡车，车头装有用螺栓固定的发动机，能发出"扑扑"的声音，后面有一个单独的驾驶室。这种车速度非常慢，在农村地区随处可见。

腾冲

腾冲是中国云南省的一座城市，拥有 60 多万人口。它位于喜马拉雅横断山脉的西南方向，处于两个大陆板块之间，这两个板块经常有明显的移动，所以此处地震活动频繁，附近还有很多温泉。

中文版的地震应对指南。

8月1日

我被困在怒江河谷某处的一辆大巴上，正在向六库方向行进。

戴夫去了大理的火把节拍照，大理位于腾冲的东边。

有个牌子上写着**"前方堵车"**，我想这意味着前方发生了塌方。阿朗告诉我，直到下午7点路才有可能被清理干净。很显然，我们被困在了这里。

就在刚刚，当一个女人不小心把一群活鳗鱼洒在地上的时候，车上出现了一阵骚动。我觉得脚边就有一条小黑蛇在蠕动。

停在半路

　　终于到达了六库。我们又一次离开了中国的农村 —— 那些有水牛出没，正在修建道路以及有崎岖地平线风景的地方，进入了一个高海拔城镇。

去往六库路上的乡村风光。

　　这里的许多人都是傈僳族人。傈僳族妇女穿着五颜六色的编织衣服，有些人脖子上还有纹身。她们在一片片的公寓和霓虹灯中显得格格不入（左图）。

22

阿朗和我一直在沿路寻找横跨怒江的高空绳索。

有些地方的村民就是用这样的方式来过江的。

傈僳族部落

傈僳族是中国西藏半游牧民族的后裔，在过去的几百年里，他们曾移居到缅甸、老挝和泰国。据估计，傈僳族有一百多万人口，分别属于几十个不同的氏族。他们信奉万物有灵，认为人应与自然和谐相处。

然后……

我们在等一辆大巴，以进入卡瓦格博峰（一座巨大的喜马拉雅山峰）寻找滇金丝猴……

丙中洛镇

我们已经到了贡山，但是得知任何人都不许往前走了。山体滑坡太多了，这条山路

太危险了！

到处都是红色的标志，我这样有限的中文水平，也能看懂这个词 —— **不准**（意思是不允许）。

我们去卡瓦格博峰寻找滇金丝猴的行程被迫取消了。这真的太令人失望了。我们需要重新规划向东的路线，翻过另一个山脊到达一个叫塔城的村庄。据说，有一群滇金丝猴生活在那里。在此之前，我们游览了丙中洛镇。

怒江上的悬索桥，靠近西藏边境。

24

我来到了西藏！

阿朗和我租了两辆自行车在这里骑行。

怒江

怒江全长 3000 多公里，是世界上最长的无堤坝淡水生物群落之一。它流经中国和缅甸，为 100 多种鱼类和几千种植物提供了生存的家园。这条河供养着上千万人口，给他们提供了生活用水以及灌溉农作物的水资源。

丙中洛镇附近的大河蜿蜒曲折，河水呈现出咖啡色，湍急的水流在回旋中发出阵阵声响。

丙中洛镇向北几公里就是滇藏边界 —— 那是一段很长的下坡路，我有点儿害怕骑车下去。

怒江上的一座吊桥，靠近滇藏边界。河的另一边，河流上方的悬崖上有条盘山小路。

我们该回去了，这是一条很长很长的上坡路。

25

神圣之地

阿朗和我雇佣了一个叫李荣的导游，后面几天他将与我们一起上山。

我们要去一个高高的山脊，在那里可以更好地欣赏卡瓦格博峰。这座美丽的山峰有6740米高，从来没有人能成功登顶，它是

藏传佛教

的圣地。据说，1991年，山上发生过一次雪崩，一支日本登山队因此遇难。这里有各种各样的寺庙，我们还路过了几座佛塔，它们都有着尖尖的白色圆顶，周围悬挂着经幡。

李荣家所在的村庄周围有许多松树，它们的树干大都被砍下来当柴火。然而这些树依然存活着，而且还能继续生长。

26

王四力正在从树底钩蛴螬。

然后……

我们遇到王一蔡，一个住在半山腰的来自丙中洛镇的傈僳族人。他的儿子王四力教我如何射箭（右图）。

他还向我展示了如何从一棵树底部的枯木中采集美味的蛴螬（上图）。

真好吃！

泰加林

泰加林是生长在寒冷地带（比如高海拔山脉上）的森林，那里有足够的水供树木生存。生长在这里的针叶树（如松树、云杉和冷杉）都长有针状的叶子，这样不会流失太多水分。此外，它们的叶表还有一层蜡质保护层，可以防止它们被严寒和大雪冻伤。

27

卡瓦格博峰

　　我们现在只能靠自己下山再返回住的地方，海拔上的巨大落差让我很担心。

　　在我们登上山脊之前，阿朗要把所有的装备都留在谷仓露营地（右图）里。

　　这座小屋是用赭石泥和石头建造的，上半部分有四排石砖，屋顶是石板瓦的，旁边还有一个木材商店。

　　奇怪的是，从下面的山谷里传来了一缕缕的音乐，乐声一直飘到这里。最后，我们看到了被白雪覆盖的卡瓦格博峰 —— 一个巨大的、白雪皑皑的三角形山峰。卡瓦格博峰是梅里雪山中最高的山峰，它的顶峰是神秘的，从来没有人成功登顶过。

森林的深处有滇金丝猴出没，这里属于西藏辖区，

而我们没有办好进藏许可证。

梅里雪山

梅里雪山的大多数山峰都位于西藏境内，主峰卡瓦格博峰（被誉为"雪山之神"）则位于云南。卡瓦格博峰海拔6740米，是云南省最高的山峰。这个地区被藏传佛教徒视为神圣之地。在海拔4000米以上的地方，冰川沿着山谷绵延数公里，与下面的绿色的高山灌木和针叶林形成鲜明对比。

佛塔里面安放的是佛陀的遗物。

参观寺庙

从谷仓露营地下来的路上，我们穿过了一个村庄。村里家家户户的屋顶上都堆着干草和树枝，

各种各样的家禽在四处游荡。

感觉时光
像是倒流了。

拜谒村外的藏传佛教寺院是一件很累人的事。

我们转动了转经轮（每转一次都代表着向上天祈祷一次），然后被邀请进入大殿。我开始感觉不舒服，可能是海拔高的原因。当一整杯酥油茶被放到我面前时，真的难以下咽，但我强迫自己把它喝完了。

庙宇里暗淡的光线，伴杂着单调的吟唱和蜡烛散发出的蜂蜜味道，为防自己又不适应，我迅速走开了。

我走进了一个小一点的房间，里面有三尊大佛像（上图），架子上摆满了长而扁平的祈祷纸和许多盛油的金属盘子。

喜马拉雅山的宗教

佛教在喜马拉雅地区盛行，佛教徒和印度教徒把喜马拉雅地区尊为神圣之地。这里到处都是寺庙、修道院和经幡。据说佛陀本人曾把喜马拉雅山描述为"人畜皆无法进入的地区"。

然后我出去呼吸了一些新鲜空气，立刻感觉好多了，捡起放在墙边的一把吉他，开始随意弹奏。

这吸引了一大群人，
先是来了一个尼姑，
然后来了许多跳舞的和尚。

迪麻洛村

下一站是乘公共汽车去迪麻洛村。当我写下这些文字的时候，戴夫带着他买好的食物装备沿着崎岖的土路正骑着摩托车，途经一个新水电站的大坝，向我们赶来。

我们今晚就得出发，这样明天早上就可以向碧罗雪山进发。在这里，怒江、澜沧江和长江（都是由北向南从西藏流出）流域之间的最近距离大约只有50公里。

我们计划翻越中间那座被积雪覆盖的高大山脊，然后就可以在远处的森林里寻找滇金丝猴了。骡子和导游都已经提前安排好了。

32

阿朗刚刚通过短信了解到澜沧江那边的路被冲毁了。

太糟糕了!

我们好不容易翻过了那些高高的山脊 —— 这意味着我们将在山中徒步旅行很多天 —— 结果却不得不打道回府。但无论如何我都想闯一下。

戴夫在午夜时分赶上了我们,带着两麻袋的食物。

他告诉我们对面山体滑坡的情况还是很严重的!

水电站大坝

到目前为止,云南省怒江沿岸还没有被批准修建水电站。这些水力发电大坝的建设能够为发电服务、并提供就业机会,还能把江水引到需要灌溉的农田中。然而,建造这些水坝也会淹没村庄和城镇、植物、动物的栖息地。

孤身上路

我们要从迪麻洛村徒步上山。

我独自提前出发了。此时的我，正坐在高山草甸上，被一群马蝇包围着。

中午12点

坐在另一片高山草甸上沐浴着阳光，我忽然开始担心起来。

其他人走到哪儿了呢？

高山草甸

爬到喜马拉雅山的高处，就能看到针叶林被高山草甸所取代，因为山峰高处的环境不够温暖湿润，无法保证树木的生长。夏天，这些草地上开满鲜花，比如稀有的喜马拉雅蓝罂粟、野草莓和野生天竺葵。鸟儿（包括啄木鸟和画眉）都在这里觅食。

我快走了几步，赶上了牵着两匹马正在上山的当地人，他们在寻找一种据说很好吃的毛毛虫，其中一个人告诉我这里有两条上山的路。现在，我待在可以同时看到这两条路的地方，等待着队友们的到来。

中午12:20

恐慌升级！

如果他们选择了另外一条路怎么办？
如果他们已经从附近走过去了怎么办？

下午1:00

我没有看到任何人，贴身带有足够的钱，但水已经所剩无几了。我倒是可以下山，但其他人怎么办？

下午1:50

依旧没见人影。云层密布，天越来越冷。我的毛衣和外套都在背包里，现在正待在骡子的背上。

下午2:00

我好像看见了我们队伍里的两头骡子，但没有看见同伴。

下午2:30

稍感宽慰？

远处那两头骡子绝对是我们的；我确定其中一头骡子背上驮的就是我的紫色背包。

高山峡谷

我终于跟阿朗和戴夫会合了，因此，我高兴得甚至连自己背着沉重的背包都不介意了。

他们的行程因为戴夫遇上了高原反应而被耽搁了。我们在海拔接近4000米的地方，空气非常稀薄。戴夫头痛得厉害，感觉很不舒服，只好"瘫"在一头骡子上。

我们走进了一片高大的松树林，在小路入口的一处岩石上，我看到了一只红腹角雉。我们正穿过一片片的森林和夹杂着竹子的杜鹃花丛。这条路通向一个高山里的峡谷，对面是层层大山。

我想到明天我们就会到那里去。

36

阿朗在一丛竹子中看到了一只小熊猫。

小熊猫

　　小熊猫主要生活在东喜马拉雅山，能够熟练地穿梭于温带森林地区的树林间。野生小熊猫有着熊一样的外貌，但体型比家猫大不了多少。目前野生小熊猫仅存不多，已被列为濒危物种。

下午6:15

　　我们住在山谷里的一间小木屋里。

　　主人是一对中年夫妇，只有在夏天带着犏牛（杂交牦牛）上来吃草的时候，他们才会来这里居住。

晚上10:00

　　山谷顶端开始有大雷雨。

　　希望明天天气能放晴，我们要爬到山谷顶端去。

　　翻过第一座山脊后看到了长满苔藓的松树。

黑色岩石

8月9日，怒江和澜沧江分水岭

我们身在海拔 4300 米的地方，山顶上是黑黑的天空，黑色的岩石上覆盖着白雪。令人惊讶的是，天气居然很好。

我们与旁边一个多石、多雪的山脊处在同一高度，攀爬到这里真的很艰难。

因为这里很高，真的很高。

冰川谷

冰川谷是当冰川缓慢地向山下蠕动时侵蚀周围的土层而形成的。在山区中呈 U 字形，可达几千米深、数公里长。冰川谷比周围的山脊海拔低，为植物和动物提供了一个隐蔽的栖息地。

澜沧江分水岭高山垭口景观。

在接下来的几天，戴夫、阿朗和向导会牵着骡子沿着一条海拔较低的小路去一个叫茨中的村庄。

我和一位新来的名叫安妮的藏族导游（右图）继续往前走，希望能在附近的一处冰川谷找到滇金丝猴。运气好的话，或许还能找到在山脊上吃草的扭角羚。

扭角羚

　　羊羚的一种，它们生活在喜马拉雅山脉和中国西部、西北部的山脉之中。它们栖息在森林覆盖的山坡上，喜欢吃落叶树的叶子、灌木、草和树皮。这些短小强壮的动物有厚厚的、蓬松的毛皮，用来保持体温，完美发育的蹄部非常适合它们在陡峭的斜坡上爬上爬下。

跋涉在冰川上

这真是一场大规模的长途跋涉！我们往上爬了大概 900 米，然后往下，然后再反复上山下山，起码又前进了 800 米的距离。

第一次往上攀登时，我精力充沛，下坡时几乎是沿着路奔跑下去的。也许我本该就此停下休息，但我们决定继续前进。第二次上山时，我不得不放下身段，请安妮帮我背着背包，我实在没有力气了。

上午 9:30　离开猪屎屋（一直有猪在门口拉屎而得名），从海拔 3000 米处开始，沿 Z 字形路线攀爬。

中午 12:30　到达顶峰，我看到一只大型猎鹰，也可能是游隼，从岩石里钻出来。

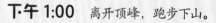

下午 1:00　离开顶峰，跑步下山。

下午 2:00　到达第一个小山谷，休息。

下午 2:30　再次出发。

下午 4:30　攀登了 800 米后到达山脊顶部。我在高海拔地区走得实在太慢了，不得不把自己的背包给了安妮，然后背上了她那个更轻的背包。我的膝盖磕到了犏牛蹄踏出的草皮凹陷处边缘——现在很疼。这里灌木丛生，到处都是小路。我们终于到达了天主教村，一个安妮认识的人把我的背包放在了他的骡子上驮着——因为我刚才又掉进了一个水沟里。

下午 7:30　天黑了——我们迷了路。

晚上 8:00　终于到达茨中村，海拔 2000 米。

40

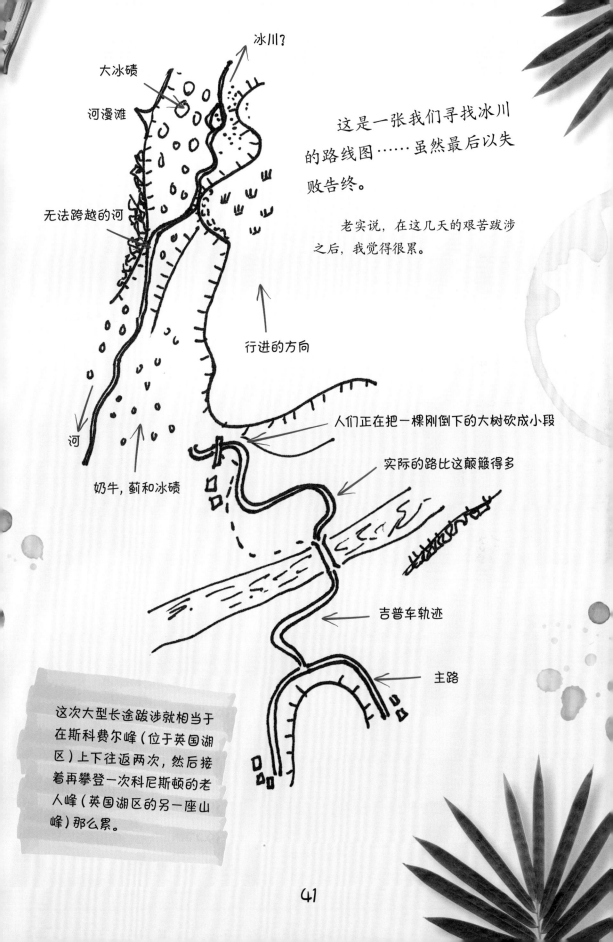

冰川？

大冰碛

河漫滩

无法跨越的河

河

奶牛，蓟和冰碛

行进的方向

这是一张我们寻找冰川的路线图……虽然最后以失败告终。

老实说，在这几天的艰苦跋涉之后，我觉得很累。

人们正在把一棵刚倒下的大树砍成小段

实际的路比这颠簸得多

吉普车轨迹

主路

这次大型长途跋涉就相当于在斯科费尔峰（位于英国湖区）上下往返两次，然后接着再攀登一次科尼斯顿的老人峰（英国湖区的另一座山峰）那么累。

仍然没有发现猴子

大雨倾盆而下，我在山的另一边瑟瑟发抖地蜷缩着躲雨。

现在来记录一下我们昨天失败的徒步旅行：

安妮和我出发去寻找附近的冰川（我敢肯定这座山谷上面有一座冰川，因为我在徒步跋涉时远远地看到了它的样貌）。

但当我们在山谷中越走越远却没有看到任何雪景的时候，我开始怀疑我们是否找对了方向。我们漫步进入广阔的草地，草地上布满了蓟和巨石，还有很多奶牛或犏牛（左图）

在狼吞虎咽地吃着草。

我们继续朝着有奔流的水声的方向前进。这条河虽然只有几米宽，却是一条无法通过的激流。在一些地方，我们或许可以踩着河中的石头过去，但如果我们不小心掉下去，肯定会被河水猛烈冲倒甚至

溺水而亡。

在决定放弃渡河，改为攀登覆盖着灌木丛的陡峭山崖之后，我们回到河边。但是不一会儿，我们就陷进了河岸下面的沙子和泥浆中。

鼠兔

鼠兔看起来长得像啮齿动物，但实际上和兔子来自同一家族。它们分布在亚洲、美洲和欧洲部分地区。鼠兔有 30 个种类，长着又长又软的皮毛，一些鼠兔习惯把巢建造在成堆的碎石中，而另一些则栖息在草地上，并在那里建造洞穴。

我们吃力地爬过泥沙区，那里活跃着一些鼠兔。我们仍然看不到任何冰川，最终，我们变得沮丧，于是决定前往茨中。

8月12日，茨中

茨中通往外界的路被封锁了。因为常年滥砍滥伐，这里已经发生了许多起山体滑坡事故。

我查过了，这里一周只有一趟大巴通行，而下一班大巴要在四天之后才来，可这还不是最糟糕的。最糟糕的是，戴夫和阿朗被困在滑坡事故现场的另一边。我必须追上他们，这样我们才能一起去塔城寻找滇金丝猴。

安妮为我租了一辆载人摩托车，司机能够带着我走小路绕过滑坡地段。

那就上路吧……

白尾梢虹雉

43

终于找到了猴子

嚯！太可怕了！

山体滑坡就在我们车前发生着。摩托车司机停下来等那些巨石停止滚动后，立即加大油门继续向前冲。一路上，我还能看到碎石不停从山上滚下来。

终于……

我坐在了公共汽车站办公室外面的一张旧沙发上，终于追上了戴夫和阿朗！

我们坐上了去塔城的大巴，这段旅程太迷人了。道路在巨大的岩石和陡峭的悬崖边蜿蜒向前，路两边的斜坡上长满了灌木和乔木。当我们到达山顶时，简直可以跟云彩握手了，我看到秃鹫在大巴上方低空掠过。

下午3:00，从塔城上山

我终于见到了滇金丝猴！

44

我们历经徒步穿越喜马拉雅山脉的两道山脊、高山草甸迷路、骑摩托车穿越仍在持续中的山体滑坡，我们终于发现头顶的树上大约有15只滇金丝猴，有样貌甜美可爱的幼猴，也有长相野蛮的成年公猴。

滇金丝猴。大公猴（左上图）和幼猴（右下图）。

这群猴子就栖息在塔城后面小路旁边的森林里，以树叶为食。它们显得很放松，似乎并不害怕人类。不幸的是，当地人就没有那么放松了。这里是私人土地，当地人不太欢迎外来者……

最后一篇日记

阿朗说等我画完草图，我们就得离开这里，必须要快……希望不会再遭遇一次因山体滑坡导致的道路堵塞！

回家

在找到滇金丝猴之后，我们的探险小队就解散了。阿朗继续向北前行进入喜马拉雅山，戴夫向南出发到达中越边境。我只好自己坐大巴回昆明（云南省的省会），然后坐飞机回家。

为了见到滇金丝猴，我们翻过了大山，首先沿着茶马古道走过高黎贡山，然后徒步穿越怒江和湄公河源头之间的高大山脊。我们被蚂蟥吸了血，被季风带来的倾盆大雨淋透全身，在山顶上被冻得几乎僵硬，每隔几分钟就得停下来喘口气，因为空气实在太稀薄了。而所有这些付出都是为了看一群滑稽的猴子，而且也就看了 15 分钟。这一切值得吗？当然值得！

那接下来的计划是什么呢？

上个月，我给戴夫发了邮件，告诉他我的另一个"喜马拉雅探险计划"——结果发现他也有同样的想法。这次我们的目的地是雅鲁藏布江。雅鲁藏布大峡谷是世界上最深的峡谷，它被众多的雪山包围，河流湍急，瀑布气势磅礴，而且大部分地带仍未被人类探索。大峡谷地处西藏境内，我们需要进藏许可证，阿朗可以帮我们办理。

我所需要做的是继续练习我的中文！

高黎贡山国家级自然保护区

　　这个国家级自然保护区地处云南省，是一大批珍稀动植物的家园，"原居民"包括云豹、白眉长臂猿、恒河猴、小熊猫、水獭、金雕、秃鹫和白鹇等濒危动物。保护区占地 4000 多平方公里，是生物多样性保护的重点区域，现有 500 多种脊椎动物，300 多种鸟类，40 多种鱼类以及超过 5000 种植物。

被饲养的云豹

东喜马拉雅山脉

　　在这里，海拔 3000 米左右的高山被针叶林所覆盖，海拔 3200 米至 5000 米之间地带长有高山灌木和草甸，海拔 5000 米以上的地带则常年积雪。许多种类的动物（如熊和豹）随季节变化在低海拔草原和高海拔高山苔原间游走。

"企鹅"及其相关标识是企鹅兰登集团已经注册或尚未注册的商标。未经允许，不得擅用。封底凡无企鹅防伪标识者均属未经授权之非法版本。

版权贸易合同登记号　图字：01-2021-3454

图书在版编目（CIP）数据

我的探险研学书 : 关于沙漠、湿地、高山、草原、雨林冒险的生命体验 . 喜马拉雅山脉 / (英) 西蒙·查普曼 (Simon Chapman) 著；陈蜜译 . -- 北京 : 电子工业出版社 , 2022.1

ISBN 978-7-121-42498-4

Ⅰ . ①我… Ⅱ . ①西… ②陈… Ⅲ . ①喜马拉雅山脉—探险—普及读物

Ⅳ . ① N8-49

中国版本图书馆 CIP 数据核字 (2021) 第 265943 号

责任编辑：潘　炜
印　　刷：北京盛通印刷股份有限公司
装　　订：北京盛通印刷股份有限公司
出版发行：电子工业出版社
　　　　　北京市海淀区万寿路 173 信箱　　邮编：100036
开　　本：787×1092　　1/16　　印张：18　　字数：360 千字
版　　次：2022 年 1 月第 1 版
印　　次：2022 年 1 月第 1 次印刷
定　　价：240.00 元（全六册）

凡所购买电子工业出版社图书有缺损问题，请向购买书店调换。若书店售缺，请与本社发行部联系，联系及邮购电话：（010）88254888，88258888。

质量投诉请发邮件至 zlts@phei.com.cn，盗版侵权举报请发邮件至 dbqq@phei.com.cn。

本书咨询联系方式：（010）88254210。influence@phei.com.cn，微信号：yingxianglibook。